TRAVAUX

DE LA

DIGUE DE CHERBOURG

1783-1853.

TYPOGRAPHIE HENNUYER, RUE DU BOULEVARD, 7, BATIGNOLLES,
Boulevard extérieur de Paris.

TRAVAUX D'ACHÈVEMENT

DE LA

DIGUE DE CHERBOURG

DE 1830 A 1853

PAR M. JOSEPH BONNIN

CHEVALIER DE LA LÉGION D'HONNEUR,

INGÉNIEUR DE PREMIÈRE CLASSE DES PONTS ET CHAUSSÉES, CHARGÉ DES TRAVAUX DE LA DIGUE
DEPUIS 1843 JUSQU'A L'ACHÈVEMENT,

PRÉCÉDÉS

D'UNE INTRODUCTION HISTORIQUE

SUR

LES TRAVAUX EXÉCUTÉS DEPUIS L'ORIGINE JUSQU'EN 1830,

PAR

ANTOINE-ÉLIE DE LAMBLARDIE,

INSPECTEUR GÉNÉRAL DES PONTS ET CHAUSSÉES ET DES TRAVAUX MARITIMES.

ATLAS

PARIS

VICTOR DALMONT, EDITEUR,

Successeur de Carilian-Goeury et V°° Dalmont,

LIBRAIRE DES CORPS IMPÉRIAUX DES PONTS ET CHAUSSÉES ET DES MINES,
QUAI DES GRANDS-AUGUSTINS, 49.

1857

Pl. 1

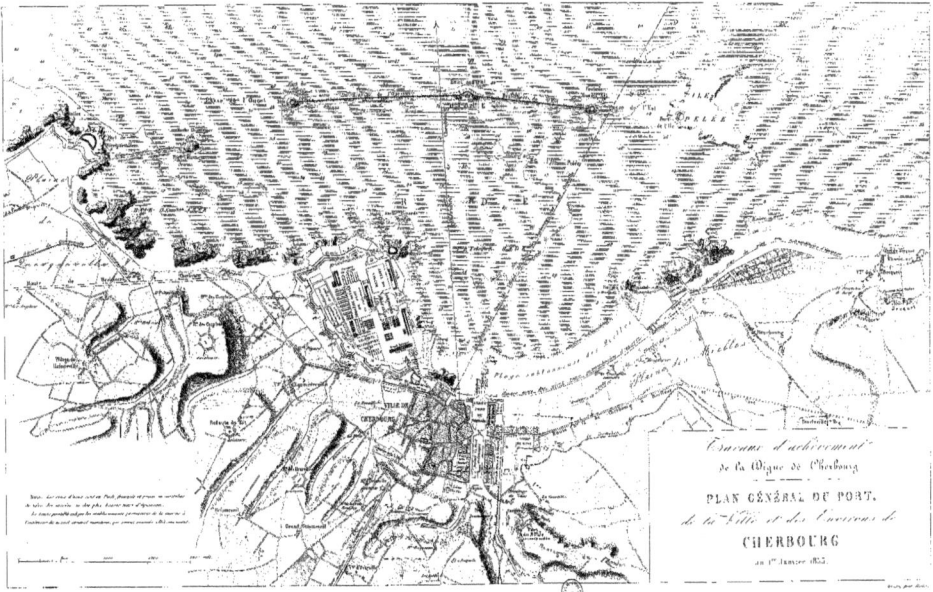

Travaux d'achèvement
de la Digue de Cherbourg

PLAN GÉNÉRAL DU PORT,
de la Ville et des Environs de
CHERBOURG
au 1er Janvier 1853

Exécution du Fort central et des établissements provisoires pendant l'exécution des travaux.

Fig. 1.

Fig. 2. *Plan.*

BATTERIE DÉFENSIVE D'ENVELOPPE DE FORT CENTRAL

PETIT PORT PROVISOIRE DE L'EST

Muraille de la Branche Est

FORT CENTRAL ANNULAIRE ELLIPTIQUE

COUR CENTRALE

PETIT PORT DÉFINITIF DE L'EST

Muraille de la Branche Ouest

PETIT PORT PROVISOIRE DE L'OUEST

Risberme

Fig. 3.

Plan d'une partie de la Branche de l'Est, en cours d'exécution

EST

OUEST

Risberme

EST

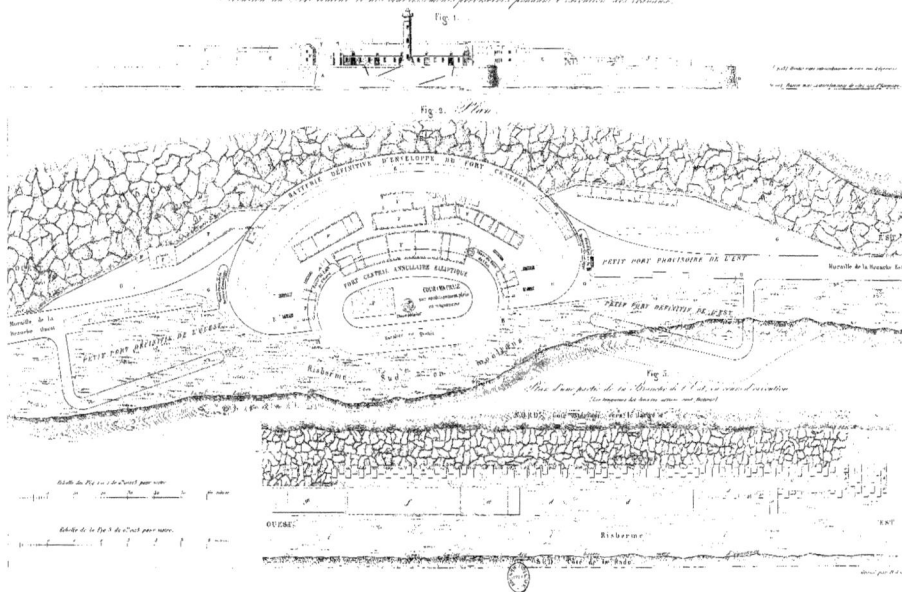

Fig. 1.

1.er Profil suivi en tête dans l'exécution des premiers ouvrages de la Branche de l'Est.

SUD. Côté de la Rade.

NORD. Côté du Large.

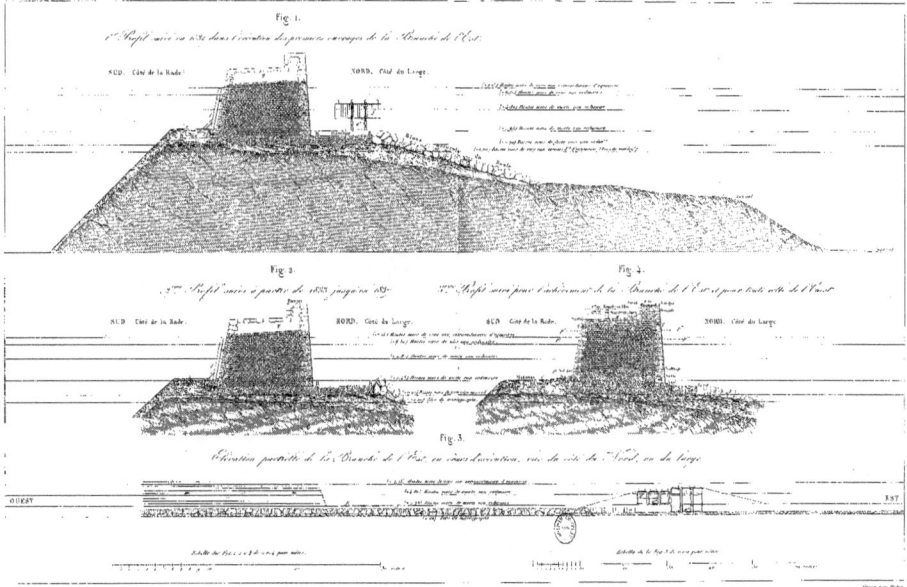

Fig. 2.

2.me Profil suivi à partir de 1853 jusqu'en 1857.

SUD. Côté de la Rade.

NORD. Côté du Large.

Fig. 4.

3.me Profil suivi pour l'achèvement de la Branche de l'Est et pour toute celle de l'Ouest.

SUD. Côté de la Rade.

NORD. Côté du Large.

Fig. 3.

Elévation partielle de la Branche de l'Est, en cours d'exécution, vue du côté du Nord, ou du large.

OUEST

EST

Fig. 1.

Coupe transversale de la tranche Ouest et Châtiaud à flot chargée de bétail
pour l'ensertion de 60 c.⁰ centre de la muraille à haute mer de vive eau.

Fig. 2.

Coupe transversale de la tranche Ouest et Châtiaud insérés chargés de béton
pour le remplissage de la 2ᵉ afsise à haute mer de morte eau.

Châtiaud à bigue déposant des pierres taillées pour l'échaufement de la muraille
et béton à haute épissure au couronnemt sur la partie supérieure des caises Nord à haute mer de vive eau

Fig. 3.

Fig. 4.

Châtiaud chargé de mortier pour l'échaufement de la muraille et béton à flot au couronnemt
sur la partie moyenne des caises Nord à haute mer de morte eau

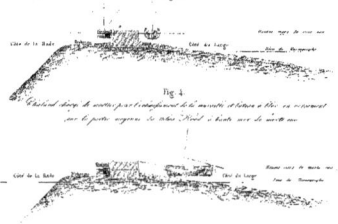

Fig. 5.

Plan d'une partie de la tranche Ouest en cours d'exécution
(Les transports des diverses assises sont positiens)

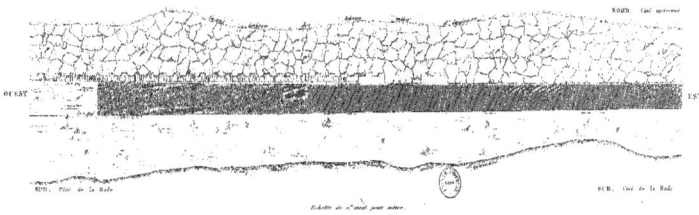

NORD. Côté extérieur

OUEST   EST

SUD. Côté de la Rade   SUD. Côté de la Rade

Echelle de 5 mill. pour mètre

Gravé par Dulos

Pl. 5.

NORD. Côté du Large

Fig. 1. *Plan général* du *Musoir Ouest.*

Plan général de la *Batterie intermédiaire* de la *branche Ouest.*

Fig. 2.

PASSE DE L'OUEST

Pied des enrochements

Talus inférieur des enrochements

Pied du Talus inférieur des enrochements

Talus supérieur des enrochements

BLOCS NATURELS DE DÉFENSE

BLOCS NATURELS DE DÉFENSE

BLOCS ARTIFICIELS DE DÉFENSE

BLOCS ARTIFICIELS JOINTIFS CONSTRUITS SUR PLACE

SOUBASSEMENT DU FORT CARRÉ KATÉ

COUR CENTRALE

Remblayage en blocaille

Rechargement Nord

Branche de l'Ouest

PETIT FORT

du Musoir Ouest

Rechargement Sud

Rechargement Sud

Rechargement Sud

BLOCS NATURELS DE DÉFENSE

Pied des enrochements

SUD. Côté de la Rade

Échelle de 0,002 pour mètre

Crête du Talus inférieur des enrochements

Pied des enrochements

Pl. 6.

Plan général NORD. Côté du Large *du Fort central.*

B L O C S N A T U R E L S D E D É F E N S E

Risberme Nord

Risberme Nord

PARAPET DE LA BATTERIE

BATTERIE D'ENVELOPPE DU FORT CENTRAL

PLACE D'ARMES

FORT CENTRAL
Phare

Branche de l'Ouest

Risberme Sud

PETIT PORT OUEST
du fort central

Branche de l'Est

Risberme Sud

PETIT PORT SUD
du fort central

Risberme Sud

Échelle de 0m,001 pour mètre.

SUD. Côté de la Rade.

Plan général du *Musoir Est.*

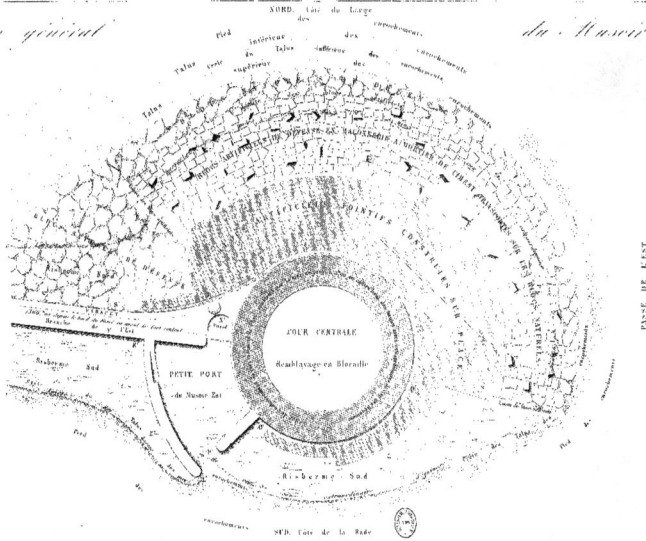

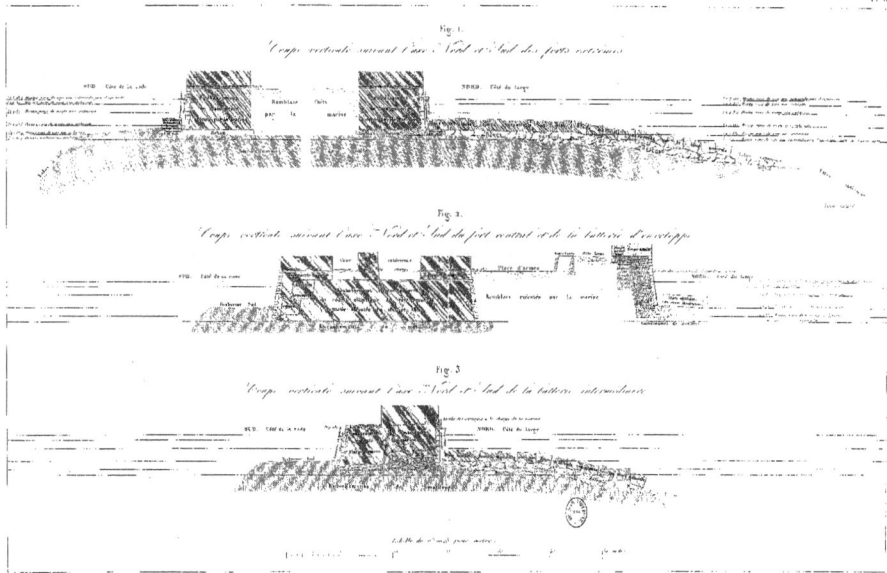

Fig. 1.

Fig. 2.

Fig. 3.

Pl. 9.

Fig. 1.

Élévation de la Branche Est.

Parement Sud, indiquant l'avancement successif des travaux, année par année.

Fig. 2.

Plan de défens de la muraille de la Branche Est, avant l'exécution des assises de couronnement.

Fig. 3. Profil [...] de la Branche Est.

Fig. 3. Profil [...] définitif de la Branche Ouest.

Fig. 5.

Élévation de la Branche Ouest.

Parement Sud, indiquant l'avancement successif des travaux, année par année.

Fig. 4.

Plan de défens de la 1ère assise de la muraille de la Branche Ouest, avant l'exécution des assises de couronnement.

Côté extérieur

PLATE-FORME

Côté de la Rade

Échelle des hauteurs et longueurs [...]

Échelle des longueurs [...]

Échelle des Profils [...]

A. Détails des passerelles établies au-dessus de la coupe à pont d'embarquement dans les mortiers.

Demi Élévation, vue de face.   Demi Coupe en long.   Élévation d'un bout.   Coupe en travers.

B. Détails des Wagons à vapeur pour le transport et l'embarquement des mortiers.

C. Extrait du Plan général de l'arsenal indiquant les moyens de transport et d'embarquement de mortier représentés en 1852 par Mr l'ingénieur en chef Mr ponts.

Coupe en long.   Coupe en travers.

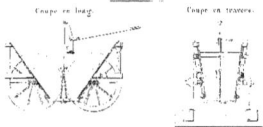

ARRIÈRE BASSIN EN EXPLOITATION

Quai Est de l'arrière bassin

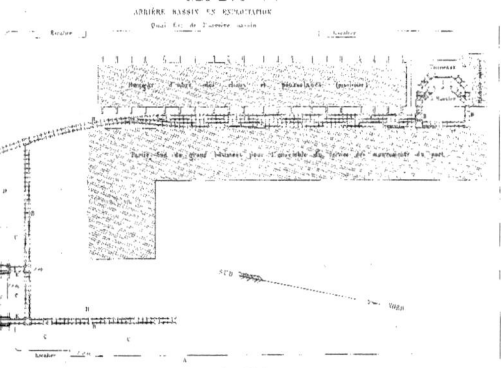

Élévation.

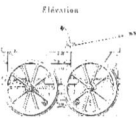

Échelle A de 5e pour mètre

Échelle B de 2e pour mèt

Échelle C de 1e pour mètre

AVANT   PORT   MILITAIRE

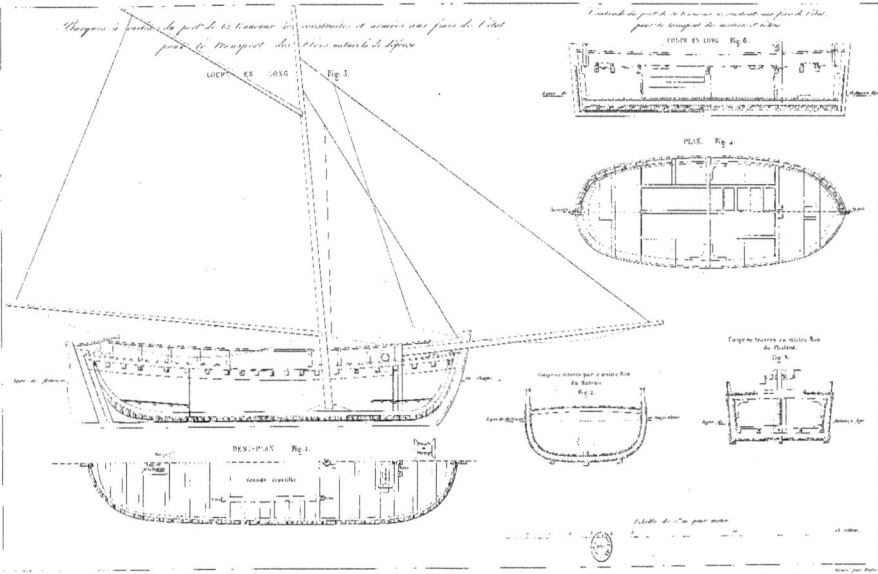

Chalands jumelés servant au transport des blocs artificiels en maçonnerie de ciment de M.... ....
pour la défense des enrochements des maçons.

A. ÉLÉVATION (Fig. 5)

A. COUPE SUIVANT CD DU PLAN (Fig.)

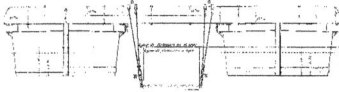

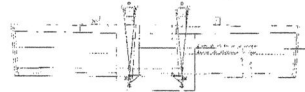

A. PLAN (Fig. 1)

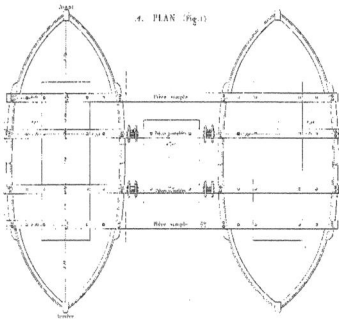

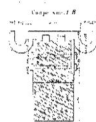

Echelle A de 0m.01 pour mètre.

Echelle B de 0m.03 pour mètre.

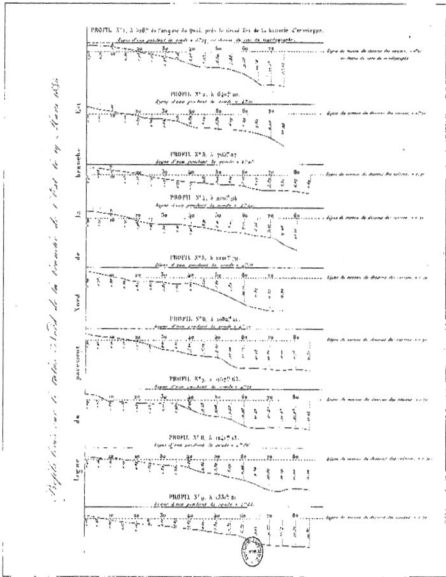

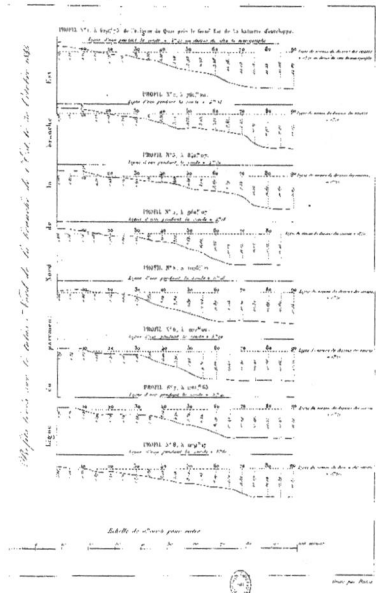

www.ingramcontent.com/pod-product-compliance
Lightning Source LLC
Chambersburg PA
CBHW060501210326
41520CB00015B/4045